ILUSTRITA

TEKNIKAL VORTOLIBRI

EN SIS LINGUI

Germana - Angla - Franca - Rusa - Italiana - Hispana

Laborita segun la specala metodo Deinhardt-Schlomann

DA

ALFRED SCHLOMANN, injenioro

———

TRADUKITA EN IDO

———

TOMO I

Mashin-Elementi. Ordinara Utensili

TRADUKITA EN IDO

DA

A. WORMSER

MÜNCHEN UND BERLIN

VERLAG VON R. OLDENBOURG

1910.

Prefaco.*)

En la rapida progreso di internacionigo di la max importanta homal aferi, la tekniko okupas eminenta loko. Unlatere la regioni di extrakto di sa materiali, altralatere la regioni di debito di sa produktaji esas dispersita tra la tota mondo; ultre en nula domeno di general agado, ecepte la cienco forsan, la progreso avancas tam rapide e la komunikado esas tam vivema e diversa; pro omno to l'antiqua obstakli di la komunikado, qui konsistas en la diverseso di la lingui, hike aparis specale jenanta e necesigis l'uzado extreme komplikita di plurlingua korespondanti. Anke la komerco sufras de la sama malfacilesi; ma en la tekniko adjuntesas la sennombra fakal expresi, pri qui uneso ofte ne existas mem interne singla linguoregiono e di qui l'intermixo povas havar la max grava konsequi.

Esas do tre fortunoza penso, ke en la mondekonocata «Ilustrita Teknikal Vortolibri en sis lingui», quin l'editeyo **Oldenbourg** publikigas sub la direkto di injencioro Alfred **Schlomann**, la vortala definado til nun uzata, komplikita e tote ne sekura di la nocioni indikita per la vorti, vicigesis da la unasenca desegnuro di l'obyekto. La fundamentala postulo por omna linguo, qua sempre ya konsistas ek koordino di signi kun nocioni, naturale esas ke ta koordino devas restar srikte unasenca, tale ke ad omna nociono esez e restez koordinita nur un signo e same ad omna signo nur un nociono. La sennombra sinonimi e homonimi existanta en omna naturala

---

*) Tradukita de la germana originalo sequanta.

linguo pruvas, quante malmulte ta fundamentala postulo konsideresis en la senregula formaco di ta signosistemi, e quante neapta la naturala lingui divenis, precize pro to, por la absolute unasenca riprezento di exakta pensi teknikala e ciencala. Se to valoras ja por omna naturala linguo en su, la neklaresi e nedeterminesi kreskas a l'infinito, kande plura lingui traktesas. La defino di la nocioni linguale riprezentenda en poliglota teknikala vortolibro per la desegnala riprezento tote unasenca esis do salvanta penso.

Tamen hike restas ankore malfacilajo nesolvita. Por la parola same kam por la skribala komunikado la imajo esas neuzebla; hike on bezonas parolata e skribata vorto. Nu, eventas tre fortunoze, ke en nia tempo devlopesas anke linguo skribal e parolala, qua konstruktesas sur la sama principo di l'unasenca reciproka koordino di nociono e signo, e di qua la vortaro samtempe esis formacata segun la principo di maxima internacioneso. Quo en nula naturala linguo esis posibla, od esos posibla en previdebla tempo, t. e. l'absoluta regulozeso di omna derivaji e kunpozaji, relate la formo e la signifiko, povas atingesar en artificala linguo; por to esas necesa nur ke ti qui entraprezis la formaco di ta linguo, klare konoceskis ta principi e severe aplikas li.

Or, quankam l'artificala helpolinguo konocata depos sat longa tempo sub la nomo ‹Esperanto› formacesis ensemble segun l'indikita principi, li esis aplikata plu instinte kam koncie, e pro to ne malmulta violaci di ta principi insinuis su, dum ke la inventanto, en la soleso di sa polono-rusa hemo, laboris sa sistemo, sen povar submisar ol a suficanta praktikal e ciencala kritiko. Per nefortunoza politiko, qua penas impedar la necesa progreso vice organizar ol quale esas necesa, on prenis quale nechanjebla fundo di ta artificala linguo la neperfekta kreuro di Dro Zamenhof en la Fundamento di Esperanto. Per to on opozis principala e permananta barilo a la supreso di ta difekti. La konsequanto ja montras su, per ke la formi existanta en la Fundamento e tale fixigita igas neposibla la konstituco di konsequanta nomizado ja en kemio e fiziko, ube ta problemo povus solvesar ankore kompare facile; por la tekniko l'atingo di unasenca sistemo di nomi semblas tote exkluzita en Esperanto.

La precipua fonto di ta malfaciles o oneposibleso esas la sequanto. En Esperanto adoptesis quale principo, ke de omna radiko on povas derivar ne nur la gramatikal formi (en larja senco), ma, per fixigita prefixi e sufixi, anke la nomi di parenta nocioni kun reguloza chanjo di signifiko. Ma en to on ne rimarkis, ke la metodo en ta primitiva formo duktas a neklaraji e kontredici, quin on povis supresar principe e tote nur per la principo di renversebleso malkovrita e formulizita da L. Couturat. Per to divenis posibla ordinar la chanjo di signifiko di la vortal e nocionala radiki tale reguloze, ke omna arbitrio esas exkluzita. Konseque ne nur la tradukanto disponas, por omna definita nuanco di sa penso, l'exakte korespondanta expresuro, ma anke, por komprenar juste mondlinguala texto, la lektanto ne bezonas konoco antala ed exakta di acidental ed arbitrial uzado, t. e. sa memoro, quale eventas en la naturala lingui ed en Esperanto; ma il esas kapabla koordinar quik e sen eroro posibla la justa nociono a la prizentata formo.

Pro to la Komilato di la Delegitaro por adopto di linguo helpanta internaciona, fondita en 1900, a qua adheris 320 societi di max diversa speci e 1250 profesori di universitati e supera teknikala lerneyi, anke membri di ciencal Akademii, pos detaloza exploro di omna konocata sistemi di artificala helpolingui adoptis principe Esperanto, ma sub kondiciono di fundamentala plubonigo segun l'indikita ciencal-teknikal principi. Ta laborado eventis sub la direkto di max kompetenta personi, quale Jespersen, Couturat e de Beaufront, e pro ke l'Esperantisti absolute rifuzis kunlaboro sur ta bazi, la devlopo di la linguo di la Delegitaro esis konfidata ad Asocio fondita por ta skopo: «Uniono di l'amiki di la linguo internaciona». La nuva helpolinguo ricevis la nomo **Ido**.

Kontraste a la politiko di primitiva Esperanto, qua esis e restis direktata a la konquesto di max granda nombro posible de adheranti, sen konsidero di qualeso, la chefi di la Ido-Uniono konsideras quale sua unesma tasko la kompleta laborado di la linguo por konstante plubonigar e simpligar ol. Rimarkinda esas, ke nur negrava plusa chanji montris su necesa; li esas tante malmulte subversiva, ke nur tre speriencosa adepto povas distingar Idotexto ek la komencala tempo de texto tote recenta. Konsiderante la kompleta libereso di devlopo, qua koncie konservesis, to esas experimentala pruvo, ke la permananta formo di l'artificala linguo devlopita sur la bazo di maxima internacioneso, esas ja tante proxime atingita, ke la chanji future expektenda povas esar nur extreme negrava. Omnu do povas ja nun lernar Ido kun la sekura konvinkeso, ke anke en

la plusa devlopo di la mondlinguo (exemple da inter-
naciona statala komisitaro) lu devos relernar nur ex-
treme malmulto.

Konsiderante pluse la fakto, ke on devas devlopar
komence l'internaciona helpolinguo en severe kon-
sequanta maniero, exkluzanta arbitrio ed hazardo, por
ta apliki, qui segun sua naturo posedas la maximo di
internacioneso, l'Ido-Uniono vizis unesma-range en
sua laborado, adjuntar a la vortaro fundamentala di la
ordinara linguo, publikigita ante du yari, max balde
posible lexiki ciencala e teknikala. Nam la cienco, la
tekniko e la komerco esas la domeni di la vivo, qui
maxime sufras de la plurlingueso di la nuna homaro,
ed en qui konseque on povas esperar max frue prak-
tikala suceso di l'internaciona linguo. En ta spirito
aparis recente m a t e m a t i k a l a l e x i k o, qua prizentas
la Idala vorti apud lia equivalanti en la max uzata
ciencala lingui (germana, angla, franca, italiana). La
kemiala nomenklaturo internaciona esis samtempe la-
borata; pri la fizikala terminaro, komisitaro de specalisti
okupas su kun fervoro e suceso. L'Akademio elektita
da l'Uniono zorgas konstante, por ke singla domeno
esez traktata en konkordo kun la ceteri, tale ke la
finala rezulto, l'Idala nomenklaturo di la ensembla
cienco e tekniko, povez aparar quale organika toto,
sen acidentala perturbi e kontredici.

Ek ta expliki on agnoskas, quante la sistemo di
la teknikala lexiki ilustrita harmonias kun ta generala
pensi di devlopo. En la prezenta aranjo on povas
ja konstatar, quante granda esas fakte la trezoro de
internaciona expresuri en la sis lingui koncernata. La
linguo Ido, segun sua principi, adoptas quik ica komuna
parto, uniformigante ol nur per la extera formo, aparte
per la finali. Por la cetera kazi, on konsideras, ultre
la maxima internacioneso, anke la plusa kondicioni di
unasenceso e di simpleso, di qua la evaluo esas en
singla kazo la tasko di la tradukanto e di l'Akademio.
La rezultajo esas en omna kazo expreso unika ed
unasenca di la nociono koncernata, tale ke ja nun la
Idala expresuro havas, relate la cetera expresuri di la
naturala lingui, l'avantajo di absoluta nedubebleso. On
povas do ja nun, en teknikala redakto en irga linguo,
kande la disponebla expresuro esas plurasenca o nede-
terminita, obtenar expresuro exkluzanta omna dubo,
adjuntante inter parentezi la Idala vorto.

Se pluse on konsideras, ke la lernado di la linguo
Ido, por l'ordinara texto, esas nekompareble plu facila
kam ta di irga naturala linguo, on agnoskos, ke ja

nun, en la komenco di ca tota devlopo, la peno spensita pri to havas sua rekompenso. Omna teknikisto provizas su ja nun per efikiva e multopla utensilo, kande lu aquiras la facila praktiko di la linguo Ido, ed omnakaze la laboro spensenda por to havas nula proporciono kun la korespondanta gano.

Por l'edito di la lexiki ciencala-teknikala e la questioni pri nomenklaturo, formacis su spontane mallarja komisitaro, qua konsistas ek Siori Prof. Pfaundler, Prof. Ostwald, Prof. Rich. Lorenz, Dro Liesche e Prof. Couturat; por singla domeni on adjuntos ankore aparta specalisti. La nuna unesma tomo di la Teknikala Vortolibri ilustrita esis laborata da S⁰ injenioro A. Wormser. Tale ni esperas atingar egale kompetenteso ed uneso. Se nia verko esas forcata, quale omna altra homala verko, aparar en la mondo ante atingir la max alta perfekteso, e se ni pro to invitas omna sa lektanti ad amikala kunlaborado por sa plubonigo, ni povas tamen dicar, ke ja en la nuna stando ol esas frukto di zorgoza individuala laboro, tale ke ni povas expektar, ke la futura formi plu perfekta di nia Vortolibri ne diferos esence de ica unesma.

Pri la aranjo di yena komplementa kayero di la Vortolibro, ol kontenas en l'unesma parto, en l'unesma kolono, la numeri di pagino e di artiklo di la korespondanta tomo di l'Ilustrita Vortolibro, segun l'ordino di la nombri, ed en la duesma la nomo di l'indikita artiklo en Ido. Li prizentas tale sepesma linguo di la vortolibro, di qua l'uzado esas do necesa por uzar la komplementa kayero. Se exemple on volas savar, quale «Säge» dicesas en Ido, on konstatas unesme en la chefa vortolibro, ke ca vorto trovesas pag. 185, art. 3 di la tomo I. Ed on povas saveskar to, sive ek la texto ipsa, kande on konocas ja la sistemal aranjo di la libro, sive ek l'alfabetala lexiko (pag. 341), qua indikas la nombro 185, 3 por la vorto «Säge». Sur pag. 18 di la komplementa kayero on trovas apud 185, 3 la vorto segilo.

Ico esas la procedo por trovar l'Idala equivalanto di irga germana, angla, e. c. teknikal expresuro. Se inverse on posedas la Idala vorto, exemple en aferala letro, on serchas ol en la duesma parto di la komplementa kayero, qua prizentas l'alfabetala listo di l'Idovorti kontenata en l'unesma parto, ed on trovas sur pag. 47 apud ‹segilo› l'indiko 185, 3, segun qua on serchas en la chefa tomo, e trovas sub la numero 185, 3 la korespondanta vorto germana, angla e. c., singlu segun sua linguo, ed anke imajo quale unasenca defino di la vorto segilo.

Quale on rimarkas, la Idala kayero ne esas uzebla nur da Germani, ma en sama maniero da omna apartenanti o konocanti di la lingui riprezentata en la chefa verko.

W. Ostwald.

Vorwort.

Bei dem schnell voranschreitenden Prozeß der Internationalisierung der wichtigsten menschlichen Angelegenheiten ist der Technik eine hervorragende Rolle zugekommen. Dadurch, daß einerseits die Bezugsgebiete ihrer Rohmaterialien, andererseits die Absatzgebiete ihrer Erzeugnisse sich über die ganze Welt verstreut finden, ferner dadurch, daß in keinem Gebiete der allgemeinen Betätigung, vielleicht mit Ausnahme der Wissenschaft, der Fortschritt so schnell erfolgt und daher der Verkehr so lebhaft und vielseitig ist, haben die alten Hindernisse des Verkehrs, die in der zufälligen Mannigfaltigkeit der Sprachen liegen, sich hier als besonders störend erwiesen und einen höchst verwickelten Apparat vielsprachiger Korrespondenten nötig gemacht. Auch der Handel leidet unter den gleichen Schwierigkeiten; bei der Technik kommen aber die unzähligen Fachausdrücke hinzu, über welche selbst innerhalb des einzelnen Sprachgebietes oft keine Einigkeit besteht und bei denen eine Verwechselung die empfindlichsten Folgen haben kann.

So muß es ein besonders glücklicher Gedanke genannt werden, daß für die weltbekannten Illustrierten Technischen Wörterbücher in sechs Sprachen, die das Verlagshaus Oldenbourg unter der Schriftleitung des Ingenieurs Alfred Schlomann herausgibt, die bisher übliche, umständliche und keineswegs sichere Verbaldefinition der durch die Wörter bezeichneten Begriffe durch die eindeutige Zeichnung des betreffenden Objektes ersetzt worden ist. Die Grundforderung für jede Sprache, die ja stets in einer Zuordnung von Zeichen zu Begriffen besteht, ist naturgemäß die, daß jene Zuordnung streng eindeutig gehalten wird, so daß jedem Begriff nur ein Zeichen und jedem Zeichen nur ein Begriff zugeordnet wird und bleibt. Die unzähligen Synonymen und Homonymen, die in jeder natürlichen Sprache vorkommen, beweisen, wie wenig diese Grundforderung bei der ungeregelten Entstehung dieser Zeichensysteme berücksichtigt worden ist und wie ungeeignet die natürlichen Sprachen gerade deshalb für die unbedingt eindeutige Darstellung exakter technischer wie wissenschaftlicher Gedanken geworden sind. Gilt dies schon für jede natürliche Sprache für sich, so wachsen die Unklarheiten und Unbestimmtheiten ins Unbegrenzte, wenn es sich um mehrere Sprachen handelt. Die Definition der sprachlich darzustellenden Begriffe in einem polyglotten technischen Wörterbuch durch die durchaus eindeutige zeichnerische Darstellung ist daher ein erlösender Gedanke gewesen.

Indessen bleibt hier immer noch ein unerledigter Rest bestehen. Für den mündlichen wie schriftlichen Verkehr läßt sich das Bild nicht verwenden; hier bedarf es eines gesprochenen und geschriebenen Wortes. Da trifft es sich nun überaus glücklich, daß in unserer Zeit auch die Entwicklung einer Schrift- und Sprechsprache stattfindet, die auf dem gleichen Grundsatz der eindeutigen wechselseitigen Zuordnung von Begriff und Zeichen konstruiert und gleichzeitig in ihrem Wortschatze gemäß dem Grundsatz der maximalen Internationalität ausgebildet worden ist. Was in keiner natürlichen Sprache möglich war und in absehbarer Zeit möglich sein wird, die unbedingte Gesetzmäßigkeit aller Bildungen und Zusammensetzungen, sowohl der Form wie der Bedeutung nach, läßt sich in einer künstlichen Sprache durchführen; hierzu ist nur erforderlich, daß diejenigen, welche die Ausbildung einer solchen Sprache übernommen haben, sich über jene Prinzipien klar sind und sie streng anwenden.

Während nun die unter dem Namen Esperanto seit längerer Zeit bekannte künstliche Hilfssprache zwar im großen und ganzen gemäß den angegebenen Grundsätzen gebildet worden ist, sind diese doch mehr instinktiv als bewußt zur Anwendung gekommen, und es haben sich deshalb Verstöße gegen sie in nicht geringer Anzahl eingeschlichen, als der Erfinder in der Einsamkeit seiner polnisch-russischen Heimat sein System ausgearbeitet hat, ohne es einer ausreichenden praktischen wie wissenschaftlichen Kritik unterwerfen zu können. Durch eine unglückliche Politik, welche den notwendigen Fortschritt zu verhindern sucht, statt ihn, wie es notwendig ist, zu organisieren, ist dieses unvollkommene Gebilde in dem von Dr. Zamenhof verfaßten »Fundamento« des Esperanto zur unabänderlichen Grundlage dieser künstlichen Sprache gemacht worden. Dadurch wurde der Beseitigung jener Unvollkommenheiten grundsätzlich und dauernd ein Riegel vorgeschoben. Die Folge davon zeigt sich bereits darin, daß durch die im Fundamento vorkommenden und dadurch festgelegten Formen die Ausarbeitung konsequenter Nomenklaturen schon in der Chemie und Physik unmöglich gemacht worden ist, wo diese Aufgabe noch verhältnismäßig leichter ausgeführt werden könnte; für die Technik erscheint die Gewinnung eines eindeutigen Systems von Namen im Esperanto völlig ausgeschlossen.

Die Hauptquelle dieser Schwierigkeit bzw. Unmöglichkeit liegt in folgendem. Im Esperanto ist zwar der Grundsatz zur Geltung gebracht worden, daß von jedem Wortstamm nicht nur die grammatischen Formen (im weiteren Sinne) abgeleitet werden können sondern auch durch feststehende Vor- und Nachsilben die Bezeichnungen verwandter Begriffe mit regelmäßiger Bedeutungswandlung. Hierbei war aber nicht bemerkt worden, daß das Verfahren in dieser primitiven Form zu Unklarheiten und Widersprüchen führt, die erst durch das von L. Couturat entdeckte und formulierte Prinzip der Reversibilität grundsätzlich und vollständig beseitigt worden sind. Hierdurch ist es möglich geworden, den Bedeutungswandel der Wort- und Begriffsstämme so gesetzmäßig zu ordnen, daß jede Willkür ausgeschlossen ist. Dadurch ist nicht nur dem Übersetzer für jede bestimmte Abwandlung seines Gedankens der genau entsprechende Ausdruck zur Verfügung gestellt sondern auch der Leser des Weltsprachetextes ist für das richtige Verständnis nicht auf eine vorherige genaue Kenntnis eines zufälligen und willkürlichen Sprachgebrauches, d. h. auf sein Gedächtnis angewiesen, wie dies in den natürlichen Sprachen und im Esperanto der Fall ist, sondern ist in den Stand gesetzt, alsbald und ohne möglichen Irrtum den richtigen Begriff der vorliegenden Form zuzuordnen.

Es ist deshalb von der Kommission der 1900 gegründeten Delegation für die Annahme einer allgemeinen künstlichen Hilfssprache, der sich 320 Gesellschaften der verschiedensten Art und 1250 Professoren von Universitäten und technischen Hochschulen sowie Mitglieder wissenschaftlicher Akademien angeschlossen hatten, nach eingehender Untersuchung aller bekannten

Systeme künstlicher Hilfssprachen das Esperanto zwar im Prinzip angenommen worden, jedoch unter der Voraussetzung einer gründlichen Verbesserung gemäß den angegebenen wissenschaftlich-technischen Grundsätzen. Diese Durcharbeitung ist unter der Oberleitung kompetentester Persönlichkeiten wie Jespersen, Couturat und de Beaufront erfolgt, und da von den Esperantisten ein Zusammenarbeiten auf dieser Grundlage unbedingt abgelehnt wurde, so wurde die Entwicklung der Delegationssprache von einer zu diesem Zweck gegründeten Vereinigung: »Uniono di l'amiki di la linguo internaciona« unternommen. Die neue Hilfssprache ist I d o genannt worden.

Im Gegensatz zu der Politik des alten Esperanto, die auf die Gewinnung einer möglichst großen Anzahl von Anhängern ohne besondere Rücksicht auf Qualität gerichtet war und blieb, hat die Leitung der Ido-Union als ihre erste Aufgabe die allseitige Durcharbeitung der Sprache im Sinne ihrer beständigen Verbesserung und Vereinfachung angesehen. Bemerkenswerterweise haben sich hierbei nur geringe weitere Veränderungen als notwendig ergeben; sie sind so wenig einschneidend, daß nur der sehr Erfahrene einen Idotext aus der Anfangszeit von einem ganz modernen wird unterscheiden können. Dies ist bei der vollkommenen Entwicklungsfreiheit, welche bewußt festgehalten worden ist, ein experimenteller Beweis dafür, daß die Dauerform der auf der Grundlage maximaler Internationalität entwickelten künstlichen Sprache bereits so nahe erreicht ist, daß die künftig noch zu erwartenden Veränderungen nur äußerst gering sein können. Es kann somit jedermann bereits gegenwärtig Ido mit der sicheren Überzeugung lernen, daß er auch bei der weiteren Entwicklung der Weltsprache (etwa durch eine internationale staatliche Kommission) äußerst wenig wird umzulernen haben.

Angesichts ferner der Tatsache, daß eine internationale Hilfssprache in streng konsequenter, Willkür und Zufall ausschließender Weise zunächst für solche Angelegenheiten zu entwickeln ist, die ihrer Natur nach das Maximum von Internationalität besitzen, hat die Ido-Union ihre Arbeiten in erster Linie darauf gerichtet, dem vor zwei Jahren erschienenen grundlegenden Wörterbuch der Alltagssprache so bald wie möglich wissenschaftliche und technische Wörterbücher zuzufügen. Denn Wissenschaft, Technik und Handel sind diejenigen Lebensgebiete, welche am meisten unter der Vielsprachigkeit der gegenwärtigen Menschheit leiden und in welchen daher auf einen praktischen Erfolg der internationalen Hilfssprache am ehesten gerechnet werden kann. In solchem Sinne ist bereits ein mathematisches Wörterbuch erschienen, welches die Idowörter gegenüber ihren Äquivalenten in den gebräuchlichsten wissenschaftlichen Sprachen (Deutsch, Englisch, Französisch, Italienisch) darstellt. Die internationale chemische Nomenklatur ist gleichfalls bearbeitet worden; für die physikalische Terminologie ist eine Kommission von Fachmännern eifrig und erfolgreich tätig. Beständig wird durch die Akademie, welche die Uniono gewählt hat, dafür gesorgt, daß jedes einzelne Gebiet mit Rücksicht auf alle anderen bearbeitet wird, so daß das endliche Resultat, die Ido-Nomenklatur der gesamten Wissenschaft und Technik, als ein organisches Ganzes ohne zufällige Störungen und Widersprüche wird in die Erscheinung treten dürfen.

Man erkennt aus diesen Darlegungen, wie sehr das System der Illustrierten Technischen Wörterbücher in diesen allgemeinen Entwicklungsgedanken hineinpaßt. In der vorliegenden Anordnung lassen sie bereits erkennen, wie groß der tatsächliche Schatz international übereinstimmender Bezeichnungen bei den sechs vertretenen Sprachen ist. Die Idosprache nimmt gemäß ihren Grundsätzen diesen gemeinsamen Anteil ohne weiteres auf, indem sie daran nur die äußere Form, insbesondere durch die Endung, gleichförmig macht. Für die anderen Fälle kommen neben der maximalen Internationalität noch die weiteren Bedingungen der Eindeutigkeit und Einfachheit in Frage, deren Abwägung von Fall zu Fall die Sache des Übersetzers und der Akademie ist. Das Resultat ist in jedem Falle eine einzige und eindeutige Bezeichnung des vorliegenden Begriffes, so daß bereits jetzt der Idoausdruck gegenüber allen anderen Ausdrücken in den natürlichen Sprachen den Vorzug unbedingter Zweifelsfreiheit besitzt. Man kann daher schon jetzt in einem technischen Schreiben in irgendeiner Sprache, wenn der dort zur Verfügung stehende Ausdruck etwa mehrdeutig oder unbestimmt ist, durch Hinzufügung des Idowortes in Klammern eine jeden Zweifel ausschließende Bezeichnung erreichen.

Zieht man außerdem in Betracht, daß die Erlernung der Idosprache für den laufenden Text unvergleichlich viel leichter erfolgt als die irgendeiner natürlichen Sprache, so erkennt man, daß bereits jetzt, am Anfange dieser ganzen Entwicklung, die hierauf verwendete Mühe lohnend erscheint. Jeder Techniker rüstet sich bereits jetzt mit einem wirksamen und vielseitigen Werkzeug aus, wenn er sich die geläufige Handhabung der Idosprache aneignet, und jedenfalls steht die darauf zu verwendende Mühe außer allem Verhältnis mit dem entsprechenden Gewinn.

Für die Herausgabe der wissenschaftlichen und der technischen Wörterbücher sowie für die Erörterung der ·entsprechenden Nomenklaturfragen hat sich freiwillig ein engerer Ausschuß gebildet, der aus den Herren: Professor Pfaundler, Professor Ostwald, Professor Richard Lorenz, Dr. Liesche und Professor Couturat besteht; für die einzelnen Gebiete werden noch besondere Fachmänner hinzugezogen. Der vorliegende erste Band der Illustrierten Technischen Wörterbücher ist von Herrn Ingenieur A. Wormser bearbeitet worden. Hierdurch hoffen wir, ebenso Sachlichkeit wie Einheitlichkeit zu erreichen. Wenn auch unser Werk wie alles andere Menschenwerk genötigt ist, vor der Erreichung der höchsten Vollkommenheit in die Welt hinauszugehen, und wir deshalb die freundliche Mitwirkung aller Benutzer an seiner Verbesserung erbitten, so dürfen wir doch sagen, daß es bereits in dem gegenwärtigen Zustande ein Ergebnis sorgsamer Einzelarbeit ist, so daß wir erwarten dürfen, daß auch die künftigen entwickelteren Formen unserer Wörterbücher sich von dieser ersten nicht sehr wesentlich unterscheiden werden.

———————

Was die Einrichtung der vorliegenden Ergänzungshefte der Wörterbücher anlangt, so enthalten sie im ersten Teile in jeder ersten Kolumne die Seitenzahl und Artikelnummer des betreffenden Bandes der Illustrierten Technischen Wörterbücher in der Reihenfolge der Zahlen und in der zweiten den Namen des so bezeichneten Artikels in Ido. Sie stellen damit eine siebente Sprache des Hauptwörterbuches dar, dessen Benutzung für den Gebrauch des Ergänzungsheftes daher Voraussetzung ist. Will man z. B. wissen, wie Säge auf Ido heißt, so stellt man zunächst im Hauptwörterbuche fest, daß dieses Wort auf S 185, Art. 3 des ersten Bandes vorkommt. Und zwar kann man dies sowohl aus dem Text entnehmen, wenn man bereits mit der systematischen Einrichtung des Buches vertraut ist, wie auch aus dem alphabetischen

Wörterbuch S. 341, welches zum Worte Säge den Nachweis 185,3 bringt. Auf S. 18 des Ergänzungsheftes findet man zu 185,3 das Wort segilo.

Dies ist das Verfahren, um das Ido-Äquivalent irgendeines deutschen, englischen usw. technischen Ausdruckes zu finden. Liegt umgekehrt das Idowort vor, etwa in einem Geschäftsbriefe, so sieht man den zweiten Teil des Ergänzungsheftes nach, welcher ein alphabetisches Verzeichnis der im ersten Teile enthaltenen Idowörter darstellt und findet auf S. 47 zu segilo den Nachweis 185,3, demzufolge man im Hauptbande S. 185 aufschlägt und als Artikel 3 je nach seiner eigenen Sprache das deutsche, englische, französische usw. Wort und als eindeutige Definition das Bild für segilo findet.

Wie man hieraus erkennt, ist das Idoheft nicht etwa nur für Deutsche benutzbar, sondern in gleicher Weise für alle Angehörigen und Kenner der im Hauptwerke vertretenen Sprachen.

W. Ostwald.

.

I.

---

[1] Un incho = 25,3995 milimetri.

Ido I.

1

p. 15.

1. adjustigoskrubo
2. senkapa skrubo
3. brakyetoskrubo
4. aletoskrubo
5. mikrometrala skrubo
6. stonbolto
7. fundamentobolto, ankrobolto
8. ankroplako

p. 16.

1. kelo
2. fundamentoplako
3. skrubo kun pluropla fileto
4. lignoskrubo
5. visilo
6. busho di la visilo
7. aperturo di la visilo
8. unbusha visilo

p. 17.

1. dubusha visilo
2. obliqua visilo
3. visilo por adjustigoskrubi
4. tubovisilo
5. klozita visilo
6. robinetvisilo
7. hokvisilo
8. forkovisilo

p. 18.

1. adjustigebla visilo
2. angla visilo
3. skrubturnilo
4. boltoligar
5. skrubizar, skrubligar
6. ankrofixigar
7. advisar, adskrubagar
8. envisar, enskrubagar
9. skrubfixigar, skrubagar

p. 19.

1. boltoklozar
2. unionar per skrubi
3. malvisar, malskrubagar
4. laxigar skrubo
5. laxijar
6. advisar skrubo
7. pluvisar skrubo
8. tordar, deformar skrubo
9. filetizar skrubo
10. manue filetizar

p. 20.

1. refiletizar (per la pektilo)
2. filetplako
3. filetizar per filetplako
4. filetizar per la tornostalo
5. pektilo
6. interna pektilo
7. extera pektilo
8. filetofrezilo
9. filetringo

p. 21.

1. filetbloko
2. filetkuseneti
3. tapilo
4. tapar
5. filetizmashino

II.

6. konyo
7. facyo di konyo
8. dorso di konyo
9. angulo di konyo

p. 22.

1. inklineso
2. ligna konyo
3. fera konyo
4. stala konyo
5. keloliguro, kelizuro
6. transversa kelo
7. longesal kelo
8. alteso di kelo
9. larjeso di kelo
10. longeso di kelo

p. 23.

1. keltruo
2. apogsurfaco, portosurfaco di kelo
3. kelkanelo
4. kanelizar
5. kanelizilo
6. kanelizmashino
7. frezar kaneli
8. nazetkelo
9. nazeto
10. kanelkelo

p. 24.

1. quadratala kelo
2. ronda kelo
3. plata kelo
4. konkava kelo
5. tangentala kelo
6. duopla kelo
7. kontrekelo
8. kontrekelo
9. kelo
10. splinto
11. (adjustigo) stifto

p. 25.

1. adjustigokelo
2. konatra kelo, konkelo
3. kanelo e langeto
4. langeto
5. kelsekurigilo
6. kelfixigar, kelizar
7. malkelizar, ekpulsar kelo
8. enpulsar kelo
9. plu enpulsar kelo

III.

p. 26.

1. riveto
2. rivetkorpo
3. rivetkapo
4. prima kapo
5. klozanta kapo
6. frezangulo
7. rivetotruo
8. riveto sinkita, kun sinkita kapo
9. riveto misinkita, kun misinkita kapo

p. 27.

1. estampagita riveto
2. martelagita riveto
3. provizora riveto
4. rivetliguro, rivetizuro
5. rivetrango
6. rivetpazo
7. disto de la bordo
8. varma rivetago
9. malvarma rivetago

p. 28.

1. solida rivetizuro
2. espruva rivetizuro
3. untrancha rivetizuro
4. trancho-seciono
5. dutrancha rivetizuro
6. plurtrancha rivetizuro
7. rivetiz -o, -uro per superpozo

p. 29.

1. rivetiz-o, -uro per surjunto
2. rivetiz-o, -uro per duopla surjunto
3. surjunto
4. angulrivetizuro
5. unranga rivetizuro
6. duranga rivetizuro
7. plurranga rivetizuro

p. 30.

1. zigzagrivetizuro
2. paralela rivetizuro
3. konverganta rivetizuro gruprivetizuro
4. disto de l'aristo
5. rivetizar, rivetagar
6. sinkar riveto
7. enpulsar riveto
8. rivetpozilo

p. 31.

1. espruvigar, kalfatar
2. espruvigo-cizelo
3. malrivetizar
4. tranchar (la kapo di) riveto
5. manuala rivetizuro
6. mashinala rivetizuro
7. rivetizmashino
8. rivetestampo

p. 32.

1. rivetomartelo
2. estampomartelo
3. doliyero
4. skrubagata dolio, skrubodolio
5. dolio
6. leverdolio
7. rivetotenilo
8. rivetopinchilo
9. rivetforno

p. 33.

1. rivetfairuyo

IV.

2. axo
3. pivoto
4. axlagero
5. axokapo
6. axokorpo
7. axokargo
8. axofriciono
9. pivotofriciono
10. fixa axo
11. movebla axo

p. 34.

1. kuplita axo
2. nekuplita, libera axo
3. shovebla axo
4. guidaxo
5. rotacaxo, axo di rotaco
6. rotaxo, axo di roto
7. rotaco di axo, axrotaco
8. provo di axo, axprovo
9. rupto di axo, axorupto
10. chanjar axo
11. chanjo di axo

p. 35.

1. axtornilo
2. axtorneyo
3. tornar axi
4. transmiso, arborajo
5. arboro
6. arborpivoto
7. koleto, mediata pivoto
8. masiva arboro
9. kava arboro
10. quadratala arboro
11. kontinua arboro, transmisarboro.

1*

p. 47.

1. apertita pendotresto kun klozo per stango
2. tresto
3. mural framo
4. kunsollagero por koloni
5. longesala kunsollagero
6. angulal kunsolo
7. precipua lagero
8. interna lagero

p. 48.

1. extera lagero
2. lagero di mashino varmegijas
3. varmegijo di lagero
4. la lagero konsumesas
5. la lagero kaptas
6. adjustigar lagero
7. lubrikar la lagero
8. strato di oleo (lubrikivo)

p. 49.

VII.

1. lubriko
2. kontinua lubriko
3. intermitanta, periodala lubriko
4. manuala lubriko
5. manuala lubrikilo
6. automatala lubriko
7. automatala lubrikilo
8. separita lubriko

p. 50.

1. separita lubrikilo
2. centrala lubriko
3. centrala lubrikilo
4. lubrikanta materyo
5. fluida lubrikivo
6. solida lubrikivo
7. grado di fluideso
8. lubrikoleo
9. viskozeso di oleo
10. oleo rezinijas

p. 51.

1. rezinijo di oleo
2. animalal oleo
3. vegetal oleo
4. minerala oleo
5. mashinoleo
6. cilindroleo
7. spindeloleo
8. oleokuvo
9. olebureto
10. olebureto kun valvo

p. 52.

1. risortokrucho
2. oleosiringo
3. oleadfluo, oleduktilo
4. oleolubriko, 1. per oleo
5. lubrikotruo
6. lubrikokanelo
7. gutringo, gutifringo
8. lubrikoringo
9. oleokuveto

p. 53.

1. oleofiltrilo
2. filtrita, purigita oleo
3. lubrikilo
4. lubrikotubo, -eto
5. lubrikobuxo
6. lubrikorobineto
7. lubrikovazo
8. oleovazo
9. vitra oleovazo

p. 54.

1. mecholubriko
2. mecholubrikilo
3. mecho di lubrikilo
4. la mecho feltijas
5. agulolubrikilo
6. gutifanta lubrikovazo
7. gutiftubo
8. rotacanta lubrikilo
9. centrifugala lubriko

p. 55.

1. ringolubriko
2. lubrikoringo
3. oleobalno
4. olechambro
5. oleodreno
6. drenar l'oleo
7. oleopumpilo
8. Stauffer-lubrikilo
9. angullubrikilo

VIII.

p. 56.

1. kuplo
2. arborkuplo
3. fixa kuplo
4. mufokuplo
5. (kuplo-) mufo
6. skrubokuplo
7. skrubmufo
8. shelkuplo

p. 57.

1. (kuplo-) shelo
2. konkokuplo
3. (kuplo-) konko
4. kuplobolto
5. disko-kuplo, flanjo-kuplo
6. kuplo-disko, -flanjo

p. 58.

1. Sellers-kuplo
2. preskono
3. movebla kuplo
4. expansebla kuplo
5. elastika kuplo
6. solvebla kuplo, embrago-kuplo
7. impulso per embragokuplo
8. embrag-ilo, -aparato

p. 59.

1. embrago-mufo
2. embrago-levero
3. embrago-forko
4. embrag-arboro
5. embragar
6. mal-embragar
7. mal-embrago

p. 60.

1. automatala malembrago
2. dentkuplo
3. dento
4. malembrago per denti
5. klikokuplo
6. kliko
7. fricionkuplo

p. 61.

1. konkuplo
2. fricion-disko
3. brosilkuplo
4. ledrokuplo
5. elektro-magnetala kuplo
6. bendo-kuplo
7. stangokuplo
8. artikizita kuplo
9. artiko

p. 62.

1. artikpivoto
2. kuplo per universal (o Cardan-) artiko
3. kruco, krucopeco
4. sferal artiko
5. kuplar
6. kuplita
7. kuplita rekte, nemediate kun

p. 63.

1. malembragar, malkuplar

IX.

2. dentrotaro, (dent-) ingranajo
3. dentroto
4. (dento-) pazo
5. pazo-cirklo, prima cirklo
6. kapo-cirklo, extera cirklo
7. pedocirklo, interna cirklo
8. ingranar
9. ingrano

p. 64.

1. ingranlineo
2. ingranostreko
3. ingranarko
4. ingranoduro
5. ingranigar
6. malingranigar
7. trajektoryo di la dentokapo
8. dento
9. profilo di la dento
10. flanko di la dento

p. 65.

1. kapo di la dento
2. alteso di la dentokapo
3. pedo, radiko di la dento
4. alteso di la dentopedo
5. alteso di la dento
6. dikeso di la dento
7. dentintervalo
8. larjeso di dento
9. kruda (gisita) dento

p. 66.

1. rabotita dento
2. frezita dento
3. dentopreso
4. specifika dentopreso
5. dentofriciono
6. laboro di la dentofriciono
7. cikloidal dentizuro
8. epicikloido
9. cikloido
10. hipocikloido

p. 67.

1. pericikloido
2. prima cirklo
3. rulcirklo, rulanta cirklo
4. gretodentizuro
5. dupunta dentizuro
6. rektoflanka dentizuro
7. interna dentizuro
8. devlopantal dentizuro
9. devlopanto

p. 68.

1. transmiso per denti, (dent-) ingranajo
2. mediato per dentroti
3. interchanjebla roti, seryo de roti
4. fortajoroti
5. laborroti, transmisanta roti
6. cilindral (dent-) ingranajo
7. piniono
8. raporto di transmiso

p. 69.

1. cilindral dentroto, cilindro-roto
2. dentokrono
3. krontoro
4. nabo
5. nabotoro
6. boruro
7. rotobrakyo
8. surpozita krono
9. partigita roto
10. fendita roto

p. 70.

1. interna(dent-)ingranajo, ingranajo per interna denti
2. roto kun interna dentizuro
3. roto kun anguldenti
4. anguldento
5. salto, saltangulo
6. ingranajo per dentostango, dentrelo
7. dentostango, dentrelo
8. konal (dent-) ingranajo, ingranajo per konal dentroti
9. pazkono, prima kono

p. 71.

1. komplemental, rulanta kono
2. konala dentroto, konroto
3. orta ingranajo
4. orta konroto
5. vermingranajo, ingranajo per senfina skrubo
6. vermroto, helicoidala roto
7. vermo, senfina skrubo
8. helicoidal roto
9. hiperboloidal roto

p. 72.

1. roto kun ligna denti
2. enpozita dento
3. ligna dento
4. ingranajo per fero sur fero
5. ingranajo per ligno sur fero
6. ingranar
7. dentizar roto
8. la roti kliktas, krias, tinklas

p. 73.

1. muldomashino por dentroti
2. frezmashino por denti

X.

3. friciontransmiso
4. fricionroto
5. (fricion-) preso
6. cilindra fricion-roto

p. 74.

1. kona fricionroto
2. transmiso per friciondiski
3. friciondisko
4. fricioncilindro
5. fricionkono
6. friciontransmiso per kanelroti
7. kanelroto, kanelizita fricionroto

p. 75.

1. konyatra kanelo
2. angulo di la kanelo
3. profundeso di kontakto o di kanelo
4. fricionmediato

XI.

5. rimentransmiso
6. impulsanta pulio
7. impulsata pulio
8. rimentenso
9. transmisata fortajo
10. tiranta parto

p. 76.

1. tirata parto
2. flecho, penduro
3. embracata angulo
4. impulsar, movar arboro per rimeno
5. rimeno
6. acensanta parto
7. decensanta parto
8. larjeso di rimeno
9. dikeso di rimeno

p. 77.

1. karnolatero di la rimeno
2. pilolatero di la rimeno
3. rimenmediato
4. impulso per rimeno
5. apertita rimeno
6. krucumita rimeno
7. mikrucumita rimeno
8. angulala transmiso
9. guidopulio, guidanta pulio

p. 78.

1. transmiso per pezotenso
2. tensanta pulio
3. transmiso per kona pulii
4. horizontala rimeno
5. vertikala rimeno
6. rimeno acensanta de sinistre a dextre
7. rimeno acensanta de dextre a sinistre
8. la rimeno batas

p. 79.

1. la rimeno glitas
2. la rimeno grimpas (klimas)
3. retensar rimeno
4. mallongigar rimeno
5. la rimeno saltas (de la pulio)
6. rimenpozilo
7. pozar rimeno
8. dejetar rimeno (de la pulio)

p. 80.

1. la rimeno jacas sur l'arboro
2. duopla rimeno
3. pluropla rimeno
4. rimenledro
5. transmisrimeno
6. artikizita rimeno
7. rimenjunt-o, -uro
8. rimentensilo
9. gluagita rimeno
10. glujuntar, gluagar rimeno
11. ledrogluo

p. 81.

1. sutita rimeno
2 sutar la rimeno
3. rimenlaco
4. rimenjuntilo
5. skrubjuntilo di rimeno
6. ungojuntilo di rimeno
7. (rimen-) pulio
8. krono di pulio
9. dikeso di la krono
10. larjeso di la pulio

p. 82.

1. cilindra pulio
2. konvexa pulio
3. flecho, konvexeso
4. pulio kun rekta brakyi
5. pulio kun kurva brakyi
6. pulio kun duopla brakyaro
7. gisfera pulio
8. (forjo-) fera pulio

p. 83.

1. ligna pulio
2. unpeca pulio
3. partigita pulio
4. kona pulio
5. gradizita pulio
6. fixa e libera pulio
7. fixa pulio
8. libera pulio
9. nabobuxo di la libera pulio

p. 84.

1. shovar la rimeno de la libera a la fixa pulio
2. embragar e malembragar
3. rimenembragilo
4. rimenforko
5. kordotransmiso
6. kordotenso
7. guidanta pulio, guidopulio
8. ciklala kordotransmiso

p. 85.

1. kordo
2. kordono di kordo
3. anmo, kerno
4. plektar la kordo
5. plektomashino di kordi
6. spirala kordo
7. klozita kordo
8. spliso di kordo
9. splisar kordo
10. splisuro di kordo

p. 86.

1. kordojuntilo
2. friciono di la kordo
3. rigideso di la kordo
4. lubrikivo di la kordo
5. movanta kordo
6. fixa, senmova kordo
7. metala kordo
8. stala kordo
9. kanaba kordo
10. kotona kordo

p. 87.

1. kordopulio
2. (kordo-) kanelo di la pulio
3. pulio por metalkordo
4. pulio por kanabkordo
5. transmiskordo
6. impulsanta kordo
7. elevokordo
8. kordo di elevilo
9. krankordo

p. 88.

1. kablo (-kordo)
2. kapstankordo
3. volvar kordo
4. malvolvar kordo

XII.

5. kateno-transmiso
6. kateno
7. katenroto
8. mashkateno
9. masho
10. interna longeso di la masho

p. 89.

1. interna larjeso di la masho
2. malyo-mashokorpo
3. katenfriciono
4. katenojuntilo
5. weldita kateno
6. kapal weld-o, -uro
7. lateral weld-o, -uro
8. kateno kun mallonga mashi
9. kateno kun longa mashi

p. 90.

1. fortigita, pontetkateno
2. ponteto
3. kalibrizita kateno
4. hokokateno
5. katenpiniono
6. katenroto
7. (katen-)guidilo
8. katenpulio
9. artikokateno
10. mashplako

p. 91.

1. kapo di mashplako
2. katenbolto
3. kateno di Gall
4. dentizita katenroto
5. katen-axo, -arboro
6. impulsanta kateno
7. kargokateno
8. krankateno
9. ankrokateno
10. katenvoyo
11. senfina kateno

p. 92.

1. hoko
2. busho di hoko
3. hokpivoto
4. hokokorpo
5. ringo, sheklo
6. duopla hoko
7. kordhoko
8. katenhoko
9. hokacesori
10. okuleto

p. 93.

1. klozita hoko

XIII.

2. pulio
3. fixa pulio
4. libera, movebla pulio
5. puli-forko;
6. puliaxo
7. puliaro
8. pulibuxo
9. fixa buxo

p. 94.

1. libera, movebla buxo
2. supra buxo
3. infra buxo
4. diferencial puliaro
5. diferencial pulio
6. kordo puliaro
7. katenp uliaro
8. tamburo
9. tamburparieto

p. 95.

1. tamburaxo
2. kordotamburo
3. katentamburo

XIV.

4. klikajo
5. klikajo per denti
6. klik-roto
7. kliko
8. fricionklikajo
9. fricionkliko

p. 96.

1. freno, frenaparato
2. shufreno, blokfreno
3. frenpulio
4. shuo, bloko di freno
5. frenlevero
6. frenpreso
7. freno per kanelroto
8. konal, kon-freno
9. bendofreno

p. 97.

1. frenbendo
2. diferencial freno
3. centrifugal freno

XV.

4. tubo
5. tubala, tubatra
6. interna diametro di la tubo
7. la tubo havas interna diametro di x mm, tubo di x mm
8. parieto di tubo

p. 98.

1. dikeso di parieto
2. utila longeso
3. induto
4. tubvestizuro
5. tubjunturo
6. tubvisuro
7. flanjojunturo
8. flanjoskrubizuro
9. flanjotubo, flanjizita tubo
10. flanjo

p. 99.

1. diametro di flanjo
2. dikeso di flanjo
3. flanjo-skrubo, -bolto
4. cirklo di la trui
5. stoplistelo
6. flanjogarnituro
7. stopringo
8. gradizita flanjo

p. 100.

1. inkastroflanjo
2. kontreflanjo
3. angulala flanjo
4. fixa flanjo
5. libera flanjo
6. soldita ringo
7. rivetagita flanjo
8. soldita flanjo
9. visita flanjo

p. 101.

1. flanjovisilo
2. mufojunturo
3. muftubo
4. (tub-) mufo
5. tub garnituro
6. mufoprofundeso
7. profundeso di la garnituro
8. plumbizar junto
9. gisfera tubo
10. vertikale gisita tubo

p. 102.

1. horizontale gisita tubo
2. forjofera tubo
3. rivetagita tubo
4. weldita tubo
5. apudpozite weldita tubo
6. superpozite weldita tubo
7. spirale weldita tubo
8. soldita tubo
9. senbavura tubo

p. 103.

1. lamenigita tubo
2. tublamenigilo
3. tublamenigeyo
4. tirita tubo
5. tirar tubi
6. kupra tubo
7. latuna tubo
8. bordizita tubo kun libera flanjo
9. bordizuro
10. bordizar la tubo

p. 104.

1. kompensanta, expansebla tubo
2. elastika tubo
3. ondizita tubo
4. tubjunturo per stopobuxo
5. kostizita, aletizita tubo
6. serpentotubo, tubserpento
7. frigorizo-serpento
8. varmigo-serpento
9. tub-obturilo

p. 105.

1. visata stopilo, skrubo-stopilo
2. obturochapelo
3. obturoflanjo
4. junto tubo
5. duopla mufo
6. (tub-) kubito
7. kurva tubo
8. U-forma tubo, U-tubo
9. reducanta t., reducotubo

p. 106.

1. (tubo-) branchigo
2. orta branchigo
3. akutangula, akuta branchigo
4. branchotubo
5. krucotubo
6. T-tubo
7. trivoya tubo
8. quarvoya tubo
9. visata, filetizita mufo

p. 107.

1. reducanta mufo
2. nipelo
3. duopla nipelo
4. (tub-) genuo
5. akuta genuo
6. akuta, reducanta genuo
7. rondigita, kurva genuo
8. gastubo
9. aquotubo
10. kaldrontubo

p. 108.

1. flamtubo, fairo-tubo
2. fumtubo
3. boltubo, aquotubo
4. varmigotubo
5. aspir-tubo
6. aspiro-kriblo
7. aspiro duktilo
8. prestubo
9. presduktilo
10. tubulo

p. 109.
1. tub-duktilo, tublineo
2. admistubo
3. eskaptubo
4. tubaro
5. plano di tubaro
6. pozar tubo
7. brido di tubo
8. tubhoko
9. vaporduktilo
10. aquoduktilo

p. 110.
1. gasduktilo
2. aquosako
3. aquobato
4. tub-rupto
5. automate klozanta valvo
6. tubturnilo
7. tubtenilo
8. tubotranchilo
9. tubvishilo, -brosilo

p. 111.
1. tubskrapilo
2. nivelindikilo
3. buxo di nivelindikilo
4. vitro, tubo di nivelindikilo
5. robineto di nivelindikilo
6. nivel-lineo
7. aquokolono.

XVI.

p. 112.
1. valvo
2. valvochambro
3. valvokovrilo
4. kovrilo-bolto, -skrubo di la valvo
5. interna diametro
6. paseyo

p. 113.
1. aperturo di paseyo
2. areo di paseyo
3. korpo di valvo
4. valvosejo
5. kontakto surfaco
6. smerilagar la valvo en sua sejo
7. valvospindelo
8. manuroto
9. totala longeso

p. 114.
1. valvovoyo
2. voyolimito
3. kono limitanta (la voyo), haltokono
4. superpreso di valvo
5. valvomaso
6. valvacelero
7. la valvo konyumas
8. la valvo kaptas
9. la valvo ocilas

p. 115.
1. la valvo kliktas
2. apertar la valvo
3. klozar la valvo
4. laxajo di la valvo
5. klozo di la valvo
6. aperto di la valvo
7. elevo di la valvo
8. diagramo di la valvelevo
9. malkargar la valvo
10. malkargo di la valvo

p. 116.
1. helpovalvo (por faciligar l'aperto di la precipua valvo)
2. elevo-valvo
3. planseja v., plakovalvo
4. valvoplako
5. konseja v., konvalvo
6. valvokono
7. bulvalvo
8. valvobulo
9. (halto-) brido
10. valvoguidilo

p. 117.
1. guidilo per aleti
2. valvo kun supra aletguidilo
3. valvo kun infra aletguidilo
4. (guid-) aleto
5. stiftoguidilo
6. guidostifto
7. guido di valvo per sua spindelo
8. rekta, ordinara valvo
9. angulvalvo

p. 118.
1. komuto-valvo, bifurko-valvo, trivoya-valvo
2. ringoseja valvo ringovalvo
3. unringa valvo
4. duringa valvo
5. plurringa valvo
6. gradizita valvo
7. duseja valvo
8. tubatra valvo, tubvalvo

p. 119.
1. kloshatra valvo, kloshvalvo
2. pezkargita valvo, pezovalvo
3. valvokargo
4. risortovalvo, risortkargita valvo
5. valvorisorto
6. sekuresovalvo
7. pezkargita sekuresovalvo
8. kargo di la valvo
9. valvolevero

p. 120.

1. risortovalvo di sekureso
2. (kargo-) risorto di la s.-v.
3. kargar la valvo
4. regulizar la kargo
5. superkargar la valvo
6. fundovalvo
7. automatala valvo
8. kuplita valvo
9. distributo per valvi, valvo-distributo

p. 121.

1. stopvalvo
2. stopvalvo di vaporo
3. ritenvalvo
4. automate klozanta valvo
5. reducanta valvo
6. aspirovalvo
7. presovalvo
8. atmosferala valvo

p. 122.

1. sniflovalvo
2. admisvalvo
3. eskapvalvo
4. eksuflovalvo
5. trasuflovalvo
6. drenvalvo
7. alimentovalvo
8. provovalvo
9. purgovalvo

p. 123.

1. klapvalvo
2. valvoklapo
3. ledroklapa valvo
4. gumoklapa valvo
5. klaphaltigilo
6. sekuresoklapo
7. ritenklapo

p. 124.

1. stopoklapo
2. aspiroklapo
3. presoklapo
4. admisoklapo
5. eskapoklapo
6. droselklapo
7. droselar
8. droselo

p. 125.

1. riglo
2. riglochambro
3. riglokovrilo
4. riglospindelo
5. riglokorpo
6. riglofacyo
7. stopringo
8. rigloguidilo

p. 126.

1. guidlistelo
2. guidskrubino
3. haltoriglo
4. aquoriglo
5. gasriglo
6. stopriglo di vaporo
7. riglo di Corliss, ocilanta riglo
8. rotacanta riglo
9. distributriglo

p. 127.

1. plana riglo
2. konkoriglo
3. riglostango
4. pistonriglo
5. malkargita, equilibrita riglo
6. riglo-distributo
7. robineto
8. robinetkono
9. kapo di robineto
10. chambro di robineto

p. 128.

1. apertar la robineto
2. klozar la robineto
3. konrobineto
4. valvorobineto
5. visata robineto
6. robineto kun stopobuxo
7. rekta, ordinara robineto
8. angulrobineto
9. trivoya robineto

p. 129.

1. quarvoya robineto
2. drenrobineto
3. mixorobineto
4. haltorobineto
5. aquorobineto
6. gasrobineto
7. eksuflorobineto
8. vakuigrobineto
9. alimentrobineto
10. provrobineto

XVII.

p. 130.

1. cilindro
2. cilindraxo
3. boruro, (interna) diametro di la cilindro
4. cilindroparieto
5. cilindrokovrilo
6. kovrilo-bolto, -skrubo
7. skrubizuro di la kovrilo
8. cilindrofundo.

p. 131.

1. stopobuxo di la cilindro
2. vestizuro di la cilindro
3. tornar cilindro
4. retornar cilindro
5. barar cilindro
6. bormashino di cilindri
7. lubriko di cilindro
8. unople efikanta cilindro

p. 132.

1. duople efikanta cilindro
2. vaporcilindro
3. pumpilcilindro
4. presocilindro

XVIII.

5. stopobuxo
6. chapelo
7. chapelflanjo
8. buxo
9. garnituro

p. 133.

1. spaco di garnituro
2. dikeso di garnituro
3. bolto di stopobuxo
4. fundoshelo
5. fundringo
6. oleo-, lubrikoringo
7. stopobuxo di vaporo
8. stopobuxo kun ledrogarnituro

p. 134.

1. ledra garnituro
2. stopobuxo kun metalgarnituro
3. friciono di stopobuxo
4. pluvisar la stopobuxo
5. la stopobuxo konyumas
6. la stopobuxo likas
7. la st.-b. esas espruva

p. 135.

1. la cil. espruvigesas per stopo-buxo
2. garnisar
3. kanaba garnituro
4. treso ek kanabo
5. asbesta garnituro
6. treso ek asbesto
7. guma garnituro
8. metala garnituro

XIX.

p. 136.

1. pistono
2. diametro di la pistono
3. alteso, dikeso di la p.
4. laxajo di la pistono
5. fortajo di pistono
6. pistonstango
7. extremo di la piston-stango
8. guidilo di la piston-stango
9. piston-skrub-o, -ino

p. 137.

1. pistonvisilo
2. stopobuxo di la pistono
3. pistonlubriko
4. pistonrapideso
5. pistonacelero
6. pistonfriciono
7. pistonstroko
8. pistonciklo
9. iro
10. reveno

p. 138.

1. acenso di la pistono
2. decenso di la pistono
3. pistongarnituro
4. pistono kun kanaba garnituro
5. pistono kun ledra garnituro
6. ledrizar pistono
7. pistono kun metalgarnituro

p. 139.

1. pistonringo, garnitur -ringo
2. junt-o, -ilo di pistonringo
3. risortesanta pistonringo
4. pistonkorpo
5. pistonkovrilo
6. bolto, skrubo di piston-kovrilo
7. risortringo
8. kanelizita pistono, p. kun garnituro en kaneli

p. 140.

1. smerilagita, grindita pistono
2. smerilagar, grindar pistono
3. diskopistono
4. plunjopistono
5. vaporpistono
6. pumpilpistono
7. kambyopistono

XX.

8. transmiso per manivelo
9. pozeso (situeso) ye mortopunto

p. 141.
1. mortopunto
2. manivelo
3. manivel-brakyo, -korpo
4. manivelarboro
5. lagero di manivelarboro
6. manivelpivoto
7. lagero di manivelpivoto
8. frontala, extrema manivelo

p. 142.
1. kontremanivelo
2. maniveldisko
3. manuala manivelo
4. mancho di manivelo
5. unvira manivelo
6. duvira manivelo
7. manivelo di sekureso
8. shoko di manivelo
9. turnar la manivelo manivelagar

p. 143.
1. kuliso e manivelo
2. kuliso
3. glitbloko
4. ecentriko
5. ecentrikeso
6. ecentrikodisko
7. unpeca ecentrika disko
8. dupeca ecentrika disko

p. 144.
1. koliaro di ecentriko
2. ecentrikostango
3. preso di ecentriko
4. ecentrikofriciono
5. movo per ecentriko
6. ecentrika
7. bielo
8. bielkorpo
9. bielkapo

p. 145.
1. klozita bielkapo
2. naval bielkapo
3. bielkapo kun brido
4. kuplostango
5. rekta guido, -ilo
6. glitbloko
7. glitvoyo
8. glitsurfaco
9. preso sur la glitvoyo
10. friciono di la glitvoyo

p. 146.
1. guido, -ilo di stango
2. guidobuxo
3. glitanta stango
4. guido per krucokapo
5. krucokapo
6. glitshuo
7. pivoto di krucokapo
8. stango di krucokapo

p. 147.
1. kelo di krucokapo

XXI.

2. risorto
3. flexorisorto
4. folyorisorto
5. flexuro, flecho
6. stratoza risorto, stratrisorto
7. risortobrido
8. okul(et)o di risorto
9. brakyo di risorto

p. 148.
1. spiral risorto
2. tordorisorto
3. (cilindral) helicorisorto
4. konal risorto
5. risorto di rektangula profilo, rektangul risorto
6. risorto di cirkla profilo, cirklal risorto
7. kompreso di la risorto
8. kompresar risorto
9. tensar risorto

p. 149.
1. spiro di risorto
2. nombro di spiri
3. risortesar

XXII.

4. flugroto
5. janto di flugroto
6. brakyo di flugroto
7. nabo di flugroto
8. koeficiento di rapidesvaryo
9. partigita flugroto

p. 150.
1. jantojunto
2. jantoskrubo, -bolto
3. naboskrubo, -bolto
4. dentizita flugroto
5. dis-rupto di la flugroto
6. rupto di la jauto

XXIII.

7. regulatoro
8. spiudelo di regulatoro
9. jiranta maso, buli di la regulatoro

p. 151.
1. mufo di la regulatoro
2. voyo di la mufo
3. levero di la regulatoro
4. justigilo di la regulatoro
5. centrifugal regulatoro
6. pendolregulatoro
7. konregulatoro
8. axal regulatoro
9. pezoregulatoro

p. 152.
1. pezo di regulatoro
2. risortregulatoro
3. risorto di regulatoro
4. regulatoro di rapideso
5. regulatoro di povo
6. regulizar

XXIV.
p. 153.
1. (skrub) -mordilo
2. benkomordilo
3. fixigar peco en la mordilo
4. skrubo di la mordilo
5. maxili di mordilo
6. futero di la maxili

p. 154.
1. garnituro di maxili, mediata maxili
2. paralela mordilo
3. mordilo di tubi
4. skruboforcilo
5. benkoforcilo
6. manumordilo, mordileto
7. obliqua mordileto
8. pintoza mordileto

p. 155.
1. stiftomordileto
2. ligna mordileto

XXV.
3. tenilo
4. busho di tenilo
5. plata tenilo
6. ronda tenilo
7. tenilo por tubi
8. ringo-tenilo
9. (plata) tenileto
10. (metal-) filotranchilo dratotranchilo

p. 156.
1. tranchotenilo
2. sekotenilo
3. klovtirilo
4. prestenilo
5. tirtenilo
6. soldotenilo
7. tenilo di gasbrulilo, di gas-
8. pinchileto   [beki
9. cizo
10. lameno di cizo

p. 157.
1. arkocizo
2. levercizo
3. benkocizo
4. tablocizego
5. paralelcizego
6. framcizego
7. manucizo
8. cizagomashino
9. (tolo-) cizego

p. 158.
1. perforocizo
2. cizo por metalfili, dratocizo

XXVI.
3. amboso
4. ambosfacyo
5. soklo di l'amboso
6. forjamboso
7. manual amboso
8. benkamboso
9. hornamboso

p. 159.
1. ambos-horno
2. unbeka amboseto
3. kaudo
4. dubeka amboseto, benk-amboseto
5. planamboseto
6. akutamboseto
7. kurvigamboseto
8. bordigamboseto
9. fundamboseto

p. 160.
1. polisoplako
2. estampoplako

XXVII.
3. martelo
4. martelfacyo
5. marteldorso
6. mancho di martelo
7. martelagar
8. martelagar malvarme
9. martelo di adjustigisto, sersuristo

p. 161.
1. forjomartelo
2. plana martelo, longigomartelo
3. dumanua martelo
4. manumartelo
5. benkomartelo
6. dumanua martelo kun transversa dorso, transversa martelo
7. dufacya martelo
8. pintoza martelo, pintomart.
9. plata martelo

p. 162.
1. krucodorsa martelo
2. sferdorsa martelo
3. martelo kun fendita dorso
4. quadratal pozmartelo
5. glatigmartelo
6. ronda pozmartelo
7. sferal martelo

p. 163.

1. embotmartelo
2. bevel-martelo
3. performartelo
4. martelo por desinkrustar
5. estampmartelo
6. ligna martelo
7. zinka martelo
8. kupra martelo
9. forjar

p. 164.

1. forjar malvarme
2. forjar varme
3. estampagar
4. estampo
5. infra estampo
6. supra estampo
7. rebatar
8. rebato, -uro
9. weldar
10. weldo
11. adweldar

p. 165.

1. kunweldar
2. welduro
3. weldovarmeso
4. difekto di weldo
5. weldoforno
6. tranchar
7. tranchamboseto
8. tranchanta pozmartelo
9. varme tranchanta pozmartelo
10. malvarme tranchanta pozmartelo

p. 166.

1. forjeyo
2. forjofairuyo
3. kameno di forjeyo
4. forjofairo
5. forjutensili
6. (fairo) pikilo
7. fairohoko
8. extinghoko
9. fairoshovelo
10. forjotenilo

p. 167.

1. suflomashino di forjeyo
2. suflilo
3. rulanta forjeyo

XXVIII.

4. cizelo
5. plata cizelo
6. krucocizelo
7. ekcizelagar
8. stoncizelo
9. manucizelo

p. 168.

1. benkocizelo
2. cizelagar
3. forcizelagar
4. puntizilo
5. puntizilmarko
6. markizar per puntizilo, puntizar
7. trupuncilo

p. 169.

1. matrico
2. manupuncilo
3. puncilo
4. kava puncilo
5. puncotenilo
6. puncar

XXIX.

7. limo
8. limomancho

p. 170.

1. limtaly-o, -uro
2. bastardotalyo delikatotayo
3. delikata talyo
4. unopla talyo
5. krucotalyo
6. supra talyo
7. infra talyo
8. talyar limi
9. limtalyisto
10. cizelo di limtalyisto
11. limomartelo

p. 171.

1. limamboso
2. retalyar la limi
3. retalyita limo
4. hardigar limi
5. limhardig-o, -uro
6. limagar
7. limostroko
8. limaguri
9. limpolvo

p. 172.

1. limbenko
2. manulimo, plata limo
3. brakyolimo quadratala limo
4. bastardolimo
5. delikata limo
6. midelikata limo
7. delikatega limo
8. glatigar

p. 173.
1. polisolimo
2. palyolimo
3. grosa limo
4. plata limo
5. obtuza limo
6. pintizita limo
7. pintizita platlimo

p. 174.
1. obtuza platlimo
2. triangulala limo
3. quadratala limo
4. ronda limo
5. mironda limo
6. biretlimo
7. rondigolimo
8. ovala limo

p. 175.
1. kultelolimo
2. glavlimo
3. charnirlimo, rondarista limo
4. fendolimo, akutarista limo
5. agulolimo
6. trulimo
7. segilolimo

p. 176.
1. riflolimo, kanellimo
2. raspilo

XXX.
3. skrapilo
4. plata skrapilo
5. kanelizita skrapilo
6. triarista skrapilo
7. kordyatra skrapilo

p. 177.
1. skrapar
2. preskrapar
3. reskrapar
4. alezilo
5. akutigita alezilo
6. angula alezilo
7. alezilo kun spiral kaneli
8. alezilo kun rekta kaneli
9. konal alezilo

p. 178.
1. pivotalezilo
2. mashinalezilo
3. alezar

XXXI.
4. borilo
5. boril-mancho, -futero
6. borilspindelo

Ido I.

p. 179.
1. borita truo, bortruo
2. perforar (korpo); borar (truo)
3. reborar
4. glatigborilo
5. perforo, boro
6. manual borilo
7. borileto
8. pivotborilo

p. 180.
1. unakutaja borilo
2. duakutaja borilo
3. pintoza borilo
4. centro borilo
5. centropinto
6. spiral borilo
7. sinkilo, frez-borilo
8. lignoborilo, trepano

p. 181.
1. helicoida trepano
2. trepano kun okulo
3. kuliertrepano
4. spirala trepano
5. longa trepano
6. sultrepano
7. stontrepano

p. 182.
1. perfor-, bor-utensili
2. Archimedal, spiral drilo
3. arkodrilo
4 drilarketo
5. manivel-drilo
6. borilo
7. anguldrilo
8. drilmanivelo
9. klikodrilo

p. 183.
1. perfor-mashino, bor-mashino

XXXII.
2. frezilo
3. frezildento
4 frezilo kun enpozita denti
5. doptornita frezilo, fr. kun nevaryanta profilo
6. diskofrezilo
7. kauelfrezilo

p. 184.
1. cilindral frezilo
2. fendofrezilo
3. frontal frezilo
4. planfrezilo
5. frezilo por dentroti
6. helicoidal frezilo
7. exterfrezilo
8. profilfrezilo
9. frezar

2

p. 185.

1. frezo
2. frezmashino

XXXIII.

3. segilo
4. segofenduro
5. seglameno
6. agrafo di segilo
7. segildento
8. apogangulo
9. sekangulo

p. 186.

1. akutigangulo
2. pintlineo di la denti
3. pedlineo di la denti
4. triangula dento
5. lupodento
6. M-forma dento
7. perforita dento
8. flexita dento
9. dentoflexilo

p. 187.

1. flexar
2. talyar segildenti
3. segar
4. seguri
5. segar malvarme
6. segar varme
7. malvarmosegilo
8. varmosegilo
9. metalsegilo
10. lignosegilo

p. 188.

1. manu(al) segilo
2. duvira segilo
3. netensita segilo
4. trunkosegilo
5. transversal segilo
6. ventro-segilo
7. segileto
8. dorsosegileto
9. segiletodorso
10. trusegileto

p. 189.

1. metalsegileto kun dorso fendosegilo
2. tensita segilo
3. arkosegilo
4. segilarko
5. volutsegilo
6. plankosegilo
7. segilo di lignajisto
8. lango
9. germana segilo

p. 190.

1. kontursegilo
2. segomashino
3. bendsegilo
4. cirklala segilo, cirklosegilo
5. segilframo
6. framsegilo
7. segilbloko

XXXIV.

8. hakilo
9. akutajo di la hakilo

p. 191.

1. hakilokulo
2. hakilmancho
3. manuhakilo
4. benkhakilo
5. cizel-hakilo
6. hakileto
7. manuhakileto
8. duvhakilo
9. duvhakar
10. rabotilo
11. rabotobloko
12. rabotfero

p. 192.

1. busho di rabotilo
2. rabotar
3. rabotar
4. rerabotar
5. raboto
6. raboturi
7. dufero rabotilo
8. duopla fero
9. kontrefero
10. prerabotilo

p. 193.

1. glatigrabotilo
2. benkorabotilo
3. manurabotilo
4. listelrabotilo
5. aristorabotilo
6. kanelrabotilo
7. barkrabotilo
8. profilrabotilo
9. rabotbenko

p. 194.

1. mordilo di la rabotbenko
2. mentoneto
3. rabotmashino
4. (ligno-) puncilo
5. puncar
6. (ligno-) cizelo
7. kanelcizelo

p. 195.
1. kava cizelo
2. triangulala (kav-) cizelo
3. dumancha kultelo
4. rekta kultelo
5. kurva kultelo
6. klovo
7. klovagar

p. 196.
1. kunklovagar, klovojuntar
2. klovotruo
3. klovomartelo
4. dratoklovo
5. klovofero
6. gluizar, gluagar
7. kungluagar, glujuntar
8. gluo
9. skrubo-forcilo

XXXV.
10. grindostono

p. 197.
1. trogo di grindostono,
2. grano di grindostono
3. akutigostoneto
4. oleostoneto
5. akutigar, grindar
6. grindomashino
7. grindodisko
8. smerilo
9. smerilpapero
10. smeriltelo

p. 198.
1. smerilligno
2. smerildisko
3. smeriIringo
4. smerilcilindro
5. smerilstono
6. smerilagar
7. smerilagomashino
8. smerilpulvero

XXXVI.
9. hardigar

p. 199.
1. hardigo
2. remoligar
3. remoligo
4. remoligokoloro
5. hardeso
6. natural hardeso
7. vitrohardeso
8. hardesoskalo
9. hardesogrado
10. hardigpulvero
11. hardigfenduro

p. 200.
1. surfacal hardigo
2. balnohardigo
3. hardigo per martelago
4. hardigo per oleo
5. hardigo per aquo

XXXVII.
6. soldar, brazar
7. kunsoldar, soldojuntar
8. adsoldar, adbrazar
9. malsoldar, malbrazar
10. soldo, brazo

p. 201.
1. solduro, brazuro
2. soldo
3. brazo
4. solduro, brazuro
5. solduro, brazuro
6. soldilo
7. martelatra soldilo
8. pinta soldilo
9. gasosoldilo
10. soldo-brulilo, -beko

p. 202.
1. soldolampo
2. soldoflamo
3. soldoforno
4. soldivo
5. stansoldivo
6. rapidsoldivo
7. brazivo
8. soldaquo
9. soldacido

p. 203.
1. soldotubo, suflotubo
2. soldotenilo
3. provo per la suflotubo,
   soldoprovo
4. soldo-kuliero

p. 204.
XXXVIII.
1. mezurar precize
2. preciza mezuro
3. kalibro
4. skrubokalibro
5. mikrometro
6. shovokalibro

p. 205.
1. beko
2. pintizita kalibro
3. sferalkalibro
4. cilindrokalibro
5. palpokalibro
6. profundeskalibro
7. kona trukalibro
8. (cilindra) trukalibro

2*

p. 206.

1. filetinkalibro
2. filetkalibro
3. kalibro di dikeso
4. limitokalibro
5. normal kalibro, normo-kalibro
6. dratokalibro
7. palpilo
8. exterpalpilo
9. interna palpilo

p. 207.

1. risortopalpilo
2. skrubopalpilo
3. bulpalpilo
4. (fixpinta) kompaso
5. trasar
6. trasilo
7. paraleltrasilo
8. cirklotrasilo
9. kalibrotrasilo

p. 208.

1. squadro
2. shultrosquadro
3. T-forma squadro
4. hexagonsquadro
5. movebla squadro
6. rektigar
7. rektigoplako
8. aquo-nivelizilo

p. 209.

1. sferal nivelizilo
2. plumbofilo
3. strokokontilo
4. turnokontilo

p. 210.

XXXIX.

1. fero
2. fererco
3. kruda fero
4. blanka krudfero
5. griza krudfero
6. meza krudfero

p. 211.

1. spegulfero
2. manganizita fero, mangan-fero
3. gisfero
4. apertita gis-o, uro
5. buxogis-o, -uro
6. sablogis-o, -uro
7. giso en sika sablo
8. giso en verda sablo

p. 212.

1. argilgis-o, -uro
2. hardogiso, -uro
3. stalgiso, -uro
4. forjebla gisuro
5. forjofero
6. weldofero
7. pudlofero

p. 213.

1. fuzofero
2. Bessemer(krud)fero
3. Thomas(krud)fero
4. Martin-fero
5. stalo
6. weldostalo
7. pudlostalo
8. fuzostalo
9. Bessemer-stalo
10. Thomas-stalo

p. 214.

1. Siemens-Martin-stalo
2. cementita stalo
3. rafinita stalo
4. kruzelostalo
5. nikelizita stalo, nikelstalo
6. wolframizita stalo, wolf-ramstalo
7. utensilostalo
8. stangofero
9. ronda fero

p. 215.

1. quadrata fero
2. hexagona fero
3. plata fero
4. bendofero
5. lamenigita fero
6. angulfero
7. T-fero
8. duopla T-fero, H-fero
9. U-fero
10. Z-fero
11. fertolo

p. 216.

1. folyo di tolo
2. (nigra) fertolo
3. maldika tolo
4. kaldrontolo
5. striizita tolo
6. ondizita tolo
7. stanizita tolo, stanfero
8. kupro
9. zinko
10. stano
11. nikelo

p. 217.

1. plumbo
2. oro
3. arjento
4. platino
5. latuno
6. bronzo
7. fosforbronzo
8. kanonbronzo
9. kloshobronzo
10. blanka metalo
11. delta-metalo

p. 218.

XL.

1. desegnar
2. desegnar en natural grandeso
3. desegnar ye skalo
4. desegnoficeyo
5. desegnisto
6. desegnuro
7. desegnotablo
8. tirkesto

p. 219.

1. adjustigebla desegnotablo
2. portfolyo
3. fakaro por portfolyi
4. desegno-planko
5. T-squadro
6. kapo di la T-squadro
7. gambo di la T-squadro
8. squadro
9. linealo, reglo
10. kurvolinealo, -reglo

p. 220.

1. flexebla linealo, reglo
2. desegnopapero
3. desegnofolyo
4. skizopapero
5. skizobloko
6. daumklovo
7. mezurar
8. mezuro
9. metral mezuro
10. inchal mezuro
11. normal mezurô

p. 221.

1. skalo
2. skalizita linealo, skallinealo
3. faldebla skalo
4. bendomezurilo
5. reducita skalo
6. transversala skalo
7. metral skalo
8. inchal skalo
9. kontraktomezuro

p. 222.

1. kalkuloreglo
2. konstruktar
3. konstruktisto
4. konstrukto
5. eroro di konstrukto
6. desegno di mashini
7. desegnuro di mashino
8. skizar
9. skizuro
10. libermanua desegnuro

p. 223.

1. proyektar
2. proyekto
3. proyektoskizo
4. general dispozo, ensemblo-plano
5. detaldesegnuro
6. laboreyodesegnuro
7. pecolisto
8. kotizita skizuro

p. 224.

1. desegnar aspekto di mashinparto
2. frontal aspekto
3. lateral aspekto
4. (profil) elevaciono
5. longesal elevaciono
6. plano
7. konturo
8. desegnar seciono di mashinpeco
9. longesal seciono

p. 225.

1. transversa seciono
2. seciono (segun) x-y
3. axo (-lineo)
4. kotlineo
5. kotflecho
6. koto
7. de axo ad axo, inter axi
8. precipua koti
9. kotizar
10. kotiz-o, -uro

p. 226.

1. desegnar per krayono
2. strekigar lineo
3. puntigar lineo
4. mixitigar lineo
5. hachar
6. hachuro
7. kompasbuxo
8. kompaso
9. gambo di kompaso
10. pedo di kompaso

p. 227.
1. pinto di kompaso
2. kapo di kompaso
3. komutebla kompaso
4. krayonpeco
5. plumpeco
6. pintopeco
7. agulpinto
8. longigopeco
9. kompasvisilo

p. 228.
1. krayonkompaso
2. fixpinta kompaso
3. risortokompaso
4. cirkletkompaso
5. reducokompaso
6. stangokompaso
7. centroplaketo

p. 229.
1. puntizagulo
2. puntigroto
3. krayonuyo
4. (angul-) transportilo
5. transportilo kun squadro
6. tirplumo
7. tirplumo por kurvi
8. duopla tirplumo
9. puntiganta tirplumo

p. 230.
1. akutigar la tirplumo
2. krayono
3. pintizar la krayono
4. krayonpintizilo
5. krayonakutigilo
6. krayonlimo
7. efacar, skrapar
8. skrapogumo
9. krayongumo
10. inkogumo

p. 231.
1. skrapilo
2. repasar (per inko)
3. (fluida) inko
4. desegnoplumo
5. skribizar desegnuro
6. ronda skribo
7. vertikal skribo
8. plumo di rondskribo
9. inkoportilo, superplumo
10. kolorizar

p. 232.
1. kolorbuxo
2. kolorpeci, kolorpastili
3. aquarelkolori
4. kolortubeto
5. pinselo
6. kolorkupeto
7. preparar la kolori
8. triturar la kolori
9. absorbivo, absorbivapapero

p. 233.
1. lavar desegnuro per sponjo
2. sponjo
3. la desegnuro deformesas
4. kolorkrayono
5. redkrayono
6. blukrayono
7. kalquar
8. kalquuro
9. kalquopapero
10. kalquotelo

p. 234.
1. lumkalquuro
2. papero di lumkalquo
3. blua kalquuro
4. blanka kalquuro
5. kalquoframo
6. lumkalqueyo

XLI.
7. movo
8. cinematiko
9. rektolinea movo

p. 235.
1. uniforma movo
2. voyo, parkuro
3. rapideso
4. tempo
5. varyanta movo
6. acelero
7. tardigo, -ijo, negativa acelero
8. komencala rapideso komencorapideso
9. final rapideso
10. mezvalora rapideso
11. uniforme acelerata movo

p. 236.
1. uniforme tardigata movo
2. (libera) falo
3. alteso di falo
4. duro di falo
5. alteso di acenso
6. duro di jeto
7. kurvolinea movo
8. tangental acelero
9. normal acelero

p. 237.
1. total acelero
2. tangental fortajo
3. normal, centripeta fortajo
4. centrifuga fortajo
5. obliqua jeto
6. angulo di jeto
7. jetampleso
8. jetalteso
9. (jeto-) trajektoryo
10. jetrapideso
11. balistikal kurvo

p. 238.

1. horizontal jeto
2. vertikal jeto
3. restriktata, nelibera movo
4. reakto, rezisto di la voyo
5. normal rezisto
6. tangental rezisto
7. pendolo
8. cirklal pendolo
9. amplitudo di pendolo

p. 239.

1. angulo di amplitudo
2. ocilo di la pendolo
3. duro di ocilo
4. konal pendolo
5. cikloidal pendolo
6. inklinita plano
7. angulo di inklineso
8. paralelogramo di la rapidesi (aceleri)

p. 240.

1. malkompozar rapideso (acelero) en sua kompozanti
2. kompozanto di rapideso (acelero)
3. kompozar plura rapidesi (aceleri) en sua rezultanto
4. rezultanta rapideso (acelero)
5. translaco
6. rotaco

p. 241.

1. rotacaxo
2. angulo di rotaco
3. angulal rapideso
4. angulal acelero
5. fortajo
6. direciono di la fortajo
7. aplikpunto di la fortajo
8. paralelogramo di la fortaji
9. rezultanta fortajo, rezultanto

p. 242.

1. kompozanta fortajo, kompozanto
2. triangulo di fortaji
3. poligono di fortaji
4. polo
5. disto de la polo
6. funikulara poligono, kordo-poligono
7. klozanta lineo, klozlineo
8. klozita fortajo-poligono
9. la fortaji esas equilibrita, en equilibro

p. 243.

1. momento di la fortajo P relate la rotaco-centro O
2. leverbrakyo di la fortajo P por la rotaco-centro O
3. fortajoparo
4. momento di la paro
5. axo di la paro
6. statikal momento
7. momento di inerteso
8. equatoral inertesmomento, inertesmomento relate axo

p. 244.

1. polal inertesmomento, inertesmomento relate punto
2. baricentro
3. gravito
4. gravitacelero
5. maso
6. equilibro
7. pozeso di korpo en equilibro
8. stabil equilibro
9. nestabil equilibro
10. indiferenta equilibro

p. 245.

1. laboro
2. povo
3. kavalpovo
4. cinetika energio, movenergio
5. principo di la konservo di l'energio
6. friciono
7. rezisto, fortajo di friciono
8. koeficiento di friciono
9. angulo di friciono

p. 246.

1. fricional surfaco
2. friciono di movesko
3. glitofriciono
4. rulofriciono
5. fricionlaboro
6. totala laboro
7. utila laboro
8. efiko

p. 247.

1. rezisto
2. teorio di la rezisto di la materyi
3. tenso
4. normala tenso
5. streno
6. korpo esas strenata per tiro, preso, flexo
7. admisebla streno
8. maniero di kargizo